BEI GRIN MACHT SICH IHR WISSEN BEZAHLT

- Wir veröffentlichen Ihre Hausarbeit, Bachelor- und Masterarbeit

- Ihr eigenes eBook und Buch - weltweit in allen wichtigen Shops

- Verdienen Sie an jedem Verkauf

Jetzt bei www.GRIN.com hochladen und kostenlos publizieren

Jan Sauer

Praktikumsauswertung zum Zeeman-Effekt

Bibliografische Information der Deutschen Nationalbibliothek:

Die Deutsche Bibliothek verzeichnet diese Publikation in der Deutschen National-
bibliografie; detaillierte bibliografische Daten sind im Internet über http://dnb.d-
nb.de/ abrufbar.

Impressum:

Copyright © 2008 GRIN Verlag GmbH
Druck und Bindung: Books on Demand GmbH, Norderstedt Germany
ISBN: 978-3-640-93495-9

Dieses Buch bei GRIN:

http://www.grin.com/de/e-book/173290/praktikumsauswertung-zum-zeeman-effekt

PHYSIKALISCHES PRAKTIKUM FÜR FORTGESCHRITTENE
TECHNISCHE UNIVERSITÄT DARMSTADT

Zeeman-Effekt

Abteilung B: Festkörperphysik

Jan Sauer

09.06.2008

Theorie

In diesem Versuch wollten wir das Verhalten von Atomen in Magnetfeldern in Bezug auf die Energieniveaus ihrer Elektronenschalen untersuchen. Die zwei wichtigen Effekte sind der Zeeman-Effekt und der Paschen-Back-Effekt. Bei beiden Effekten werden die Spektralllinien, die ein bestimmtes Atom bzw. Element emittiert, in mehrere Komponenten aufgespalten. Dieses Aufspalten wurde erstmals von Pieter Zeeman in 1896 beobachtet und von Lorentz kurz darauf klassisch erklärt.

In der gesamten Auswertung gelte für das Magnetfeld: $\mathbf{B} = B \cdot \mathbf{e}_z$

1. Klassische Herleitung des Zeeman-Effekts

Aufgrund der Tatsache, dass diese Herleitung klassisch ist, wird der Spin nicht berücksichtigt und wird gleich 0 gesetzt. Dies ist nicht grundsätzlich falsch, da Atome durchaus einen Gesamtelektronenspin von 0 haben (z.B. wenn alle Energieschalen vollständig besetzt sind).

Lorentz erklärte das entstehen der Spektrallinien durch einen schwingenden Dipol, der sich auf einer Kreisbahn mit der Frequenz ω um das Atom bewegt. Diese Kreisbahn hat er dann als drei separate Bewegungen aufgefasst: zwei gegenläufige zirkular polarisierte Schwingungen in der x-y-Ebene und eine lineare Schwingung in z-Richtung. Befindet sich dieser Dipol in einem Magnetfeld $\mathbf{B} = B \cdot \mathbf{e}_z$ so wirkt auf ihn die Lorentzkraft

$$\vec{F_L} = q\,(\vec{v} \times \vec{B})$$

Die z-Komponente bleibt unverändert, da sie parallel zum magnetischen Feld liegt. Die beiden zirkular polarisierten Komponenten werden jedoch von der Lorentzkraft beeinflusst. Wie man leicht sieht, wirkt die Kraft je nach Drehrichtung entweder nach innen oder nach außen, was zu einer Verkleinerung bzw. einer Vergrößerung der Bahnradien führt. Dies bedeutet wiederum, dass die Kreisfrequenz sich vergrößert bzw. verkleinert. Durch gleichsetzen der Lorentzkraft mit der Änderung der Zentripetalkraft kann man zeigen, dass für eine kleine Frequenzänderung $\Delta\omega$ gilt:

$$\Delta\omega = \mp\frac{qB}{2m}$$

Wie aber bereits erwähnt berücksichtigt diese Herleitung nicht den Spin der Elektronen, weshalb nur die Übergänge zwischen zwei Zuständen mit einem Gesamtspin von 0 dadurch erklärt werden können. Eine genauere Beschreibung liefert die quantenmechanische Beschreibung. Diesen Spezialfall des Zeeman-Effekts bezeichnet man auch als „normalen Zeeman-Effekt".

2. Quantenmechanische Beschreibung des Zeeman-Effekts

Ein geladenes Teilchen mit Drehimpuls besitzt ein magnetisches Moment. Im Fall eines Elektrons gibt es sogar zwei magnetische Momente (für den Spin und den Drehimpuls), die sich zu einem gesamten magnetischen Moment koppeln. Für den Drehimpuls gilt

$$\vec{\mu_l} = -\mu_B \cdot \frac{\vec{l}}{\hbar} \quad \text{mit dem bohrschen Magneton} \quad \mu_B = \frac{e\hbar}{2\,m_e}$$

Wir verwenden der Einfachheit wegen die vektorielle Schreibweise statt der Operatorschreibweise. L ist der Drehimpuls, $\hbar$ das reduzierte plancksche Wirkungsquantum, m_e die Elektronenmasse, und e die Elementarladung.

Für den Spin gilt analog dazu

$$\vec{\mu_s} = -\,g_s \cdot \mu_B \cdot \frac{\vec{s}}{\hbar}$$

Aufgrund von relativistischen Effekten, tritt hier ein Gewichtungsfaktor g_s auf. Dieser soll zeigen, dass identische Spin- und Drehimpulsvektoren unterschiedliche magnetische Momente hervorrufen. Aus der Dirac-Theorie geht hervor, dass $g_s \approx 2$ gilt.

Spins und Drehimpulse eines Mehrelektronensystems koppeln nun zu einem Gesamtdrehimpuls. Die Art der Kopplung ist hier sehr wichtig. Es gibt zwei grundsätzliche Arten der Spin-Bahn-Kopplung. Bei der LS-Kopplung entstehen ein Gesamtspin **S** und ein Gesamtbahndrehimpuls **L** aus den Summen der einzelnen Spins und Drehimpulse, die sich zu einem Gesamtdrehimpuls **J** koppeln. Bei der jj-Kopplung werden die Spins und die Bahndrehimpulse eines einzelnen Elektrons erst zu einem Gesamtdrehimpuls **j** gekoppelt und dann erst koppeln sich die einzelnen Gesamtdrehimpulse zu **J**. Die Quantenzahlen S und L sind nun nicht mehr bestimmbar. Die LS-Kopplung tritt bei sehr leichten Kernen auf, während die jj-Kopplung bei sehr schweren Kernen auftritt. Zwischen diesen beiden Grenzfällen liegen Mischformen vor.

Gehen wir nun von einer LS-Kopplung aus. Während sich **S** und **L** zu **J** = **S** + **L** koppeln sehen wir, dass sich die magnetischen Momente zu $\mu_J = \mu_S + \mu_L = -\mu_B/\hbar \cdot (2S + L) = -\mu_B/\hbar \cdot (S + J)$ koppeln. Das magnetische Moment und der Gesamtdrehimpuls sind nicht mehr parallel. Wenn wir die Annahme machen, dass die Präzession des magnetischen Moments um den Gesamtdrehimpuls viel schneller ist als die Präzession des Drehimpulses um die z-Achse ist, so können wir das magnetische Moment zeitlich mitteln und auf den Gesamtdrehimpuls projizieren. Die Präzession des Drehimpulses um die z-Achse ist deswegen wichtig, da diese Komponente parallel zum B-Feld ist und, gemäß der Quantenmechanik, als einzige ausgezeichnete Achse die einzig messbare Komponente des Drehimpulses ist. Es gilt nun für die zusätzliche, durch das Magnetfeld verursachte, potentielle Energie eines bestimmten Zustandes:

$$E_{pot} = -\vec{\mu_J} \cdot \vec{B} = -|\vec{\mu_J}| \cdot B \cdot \cos(\alpha) = \left(\frac{\mu_B}{\hbar} \cdot (\vec{S}+\vec{J}) \cdot \frac{\vec{J}}{|\vec{J}|}\right) \cdot \left(\frac{\vec{J}}{|\vec{J}|} \cdot \vec{B}\right)$$

Dabei ist $\vec{\mu_J}$ die Projektion des magnetischen Moments auf den Drehimpuls **J** und α der Winkel zwischen B-Feld (z-Achse) und Drehimpuls. Wertet man diesen Ausdruck aus, so kann man ihn unter Beachtung der Tatsache, dass $J_z = M_J \cdot \hbar$, folgendermaßen schreiben

$$E_{pot} = \left(1 + \frac{J(J+1) + S(S+1) - L(L+1)}{2J(J+1)}\right) \cdot \mu_B \cdot M_J \cdot B = g_J \cdot \mu_B \cdot M_J \cdot B$$

M_J ist die magnetische Quantenzahl zum Gesamtdrehimpuls. Für sie gilt selbstverständlich M = -J, -(J-1), ... , (J-1), J. Daraus folgt, dass sich eine Spektrallinie in (2J+1) Spektrallinien Aufspalten wird.

Für die Aufspaltung der Spektrallinien im Magnetfeld ergibt sich also

$$\Delta E_{pot} = \mu_B \cdot B \cdot (g_J \cdot M_J - g_J' \cdot M_J') = \mu_B \cdot B \cdot g_{eff}$$

M_J bzw. g_J bezeichnen hierbei den Anfangszustand und M_J' bzw. g_J' den Endzustand. Wir sehen, dass sich für S = 0 der normale Zeeman-Effekt als Grenzfall dieses sogenannten anomalen Zeeman-Effekts ergibt.

<u>**3. Paschen-Back-Effekt**</u>

Es gibt auch noch einen zweiten Effekt, der in einem externen Magnetfeld auftreten kann. Ist die Energie des Magnetfeldes sehr groß gegen die Spin-Bahn-Wechselwirkung, so kann man diese vernachlässigen. Der Bahndrehimpuls **L** und der Spin **S** präzedieren nun getrennt um die z-Achse, ohne sich zu einem Gesamtdrehimpuls zu koppeln. Zur Aufspaltung der Spektrallinien tragen beide magnetischen Momente getrennt bei, so dass sich für die potentielle Energie ergibt:

$$E_{pot} = -(\mu_L + \mu_S) \cdot \vec{B} = \frac{\mu_B}{\hbar} \cdot (\vec{L} + g_s \vec{S}) \cdot \vec{B} = \frac{\mu_B}{\hbar} \cdot B \cdot (L_z + g_s \cdot S_z) = \mu_B \cdot B \, (M_L + 2M_S)$$

Hier sind M_L und M_S die jeweiligen magnetischen Quantenzahlen zum Bahndrehimpuls und Spin.

Aufgrund der Tatsache, dass hier der Spin und der Bahndrehimpuls explizit im der Gleichung für die potentielle Energie eingehen findet der Paschen-Back-Effekt nur bei Kernen mit LS-Kopplung statt. Der Zeeman-Effekt ist dagegen bei beiden Kopplungstypen beobachtbar.

<u>**4. Auswahlregeln**</u>

Der Übergang zwischen zwei Zuständen ist nicht immer erlaubt. Wenn wir davon ausgehen, dass es sich beim Übergang zwischen zwei Systemen um elektrische Dipolstrahlung handelt, so ergeben sich folgende Regeln:

$$\Delta S = 0; \; \Delta M_S = 0$$
$$\Delta L = \pm 1; \; \Delta M_L = 0, \pm 1$$
$$\Delta J = 0, \pm 1; \; \Delta M_J = 0, \pm 1$$

Dabei entspricht $\Delta M_J = \pm 1$ den links- bzw. rechtszirkular polarisierten Wellen (auch σ^- bzw. σ^+-Komponenten genannt) und $\Delta M_J = 0$ der linear polarisierten Welle (auch π-Kompnente genannt). Ein Übergang von J=0 auf J'= 0 ist jedoch nicht möglich. Falls $\Delta J = 0$ ist, kann kein $M_J=0 \rightarrow M_J'=0$ Übergang stattfinden.

Daraus sehen wir sofort eine Konsequenz für den Paschen-Back-Effekt. Aus der Energiedifferenz

$$\Delta E = \mu_B \cdot B \, (\Delta M_L + 2 \Delta M_S)$$

folgt, dass der normale Zeeman-Effekt und der Paschen-Back-Effekt spektroskopisch identisch sind.

<u>**5. Fabry-Perot-Interferometer**</u>

Zur Beobachtung der Spektren haben wir ein Fabry-Perot-Interferometer verwendet. Dieses besteht im Wesentlichen aus zwei parallelen Glasplatten, die einen geringen Transmissionskoeffizienten haben. Dadurch entstehen aus einem schräg einfallenden Lichtstrahl sehr viele parallele Lichtstrahlen.

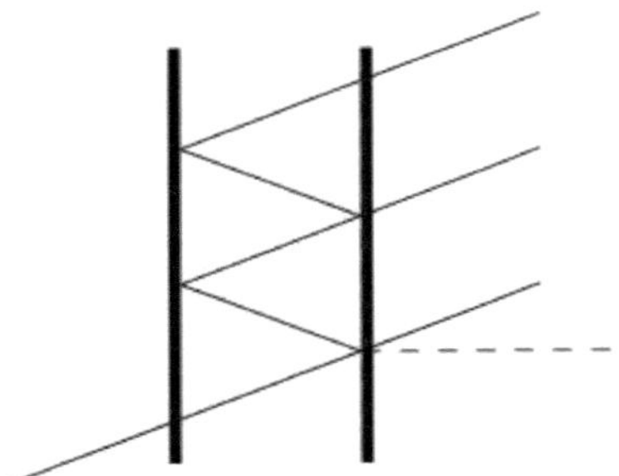

(Schematische Zeichnung zur Funktionsweise eines Fabry-Perot-Interferometers)

Damit die rechts austretenden Strahlen konstruktiv interferieren können und ein Beugungsbild entsteht, muss gelten:

$$z\lambda = 2d\cos(\alpha)$$

Wobei α der Austritts- bzw. Einfallswinkel ist. Wir sehen, dass die Auflösung umso besser wird, je geringer der Abstand der Platten. Im Versuch war der Abstand $d = 7{,}55$ mm. Das Interferometer wird später auch für eine quantitative Auswertung verwendet. Es reicht dabei, den Winkel zwischen dem Abstand zweier Beugungsordnungen und dem Abstand zwischen zwei aufgespalteten Linien einer einzelnen Beugungsordnung zu vergleichen. Wir können die obige Gleichung für die Interferenz zweimal differenzieren. Bei festgehaltener Beugungsordnung

$$z \cdot d\lambda = -2d\sin(\alpha)\,d\alpha_1$$

Erhalten wir den Winkel $d\alpha_1$ zwischen zwei Linien einer Beugungsordnung. Differenzieren wir bei konstanter Wellenlänge, so erhalten wir den Winkel $d\alpha_2$ zwischen zwei Beugungsordnungen, da eine konstante Wellenlänge ein Magnetfeld $B = 0$ T voraussetzt.

$$dz \cdot \lambda = -2d\sin(\alpha)\,d\alpha_2$$

Verwenden wir nun die Tatsache, dass für das emittierte Licht $E = hc/\lambda$ und damit $dE = -hc/\lambda^2\, d\lambda$ gilt und für der Abstand zweier benachbarten Linien beim anomalen Zeeman-Effekt $dE = \mu_B H\, \Delta g_{eff}$ gilt so können wir die beiden Differentiale dividieren und erhalten die Beziehung für das Bohrsche Magneton

$$\mu_B = \frac{hc}{2d\,\Delta g_{eff} H} \cdot \frac{\delta\alpha_1}{\delta\alpha_2}$$

Δg_{eff} ist dabei die Differenz zwischen den g_{eff}-Werten der Linien, die für die bestimmung von $\delta\alpha_1$ verwendet wurden. Um dieses Winkelverhältnis zu bestimmen müssen wir das Magnetfeld nur so einstellen, dass eine geometrische Bestimmung einfach wird. Als Beispiel sei eine Spektrallinie in drei Linien aufgespalten. Stellen wir das Magnetfeld nun so ein, dass die Linien aller Beugungsordnungen äquidistant sind, so ergibt sich folgendes Schema:

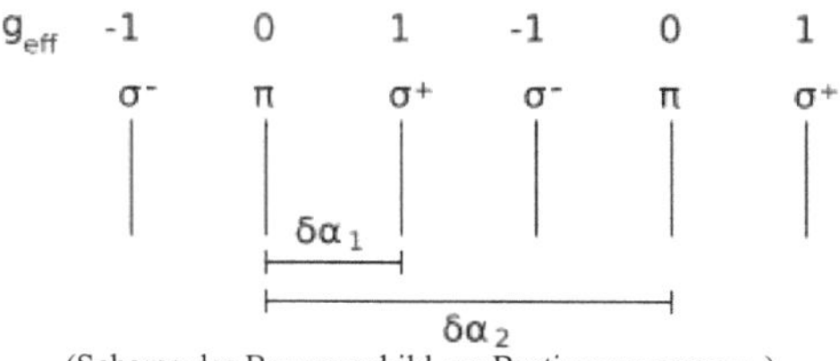

(Schema des Beugungsbild zur Bestimmung von μ_B)

Da alle Linien äquidistant sind, ist das gesuchte Winkelverhältnis gerade 1/3. Ebenso ist
$\Delta g_{eff} = 1 - 0 = 1$ (da μ_B ein positiver Wert sein soll wählen wir Δg_{eff} immer positiv). Man sieht auch, dass es egal ist, ob man einen anderen Winkel $\delta\alpha_1$ wählt, sofern er sich auf eine Beugungsordnung beschränkt. Nehmen wir zum Beispiel den Winkel zwischen σ⁻ und σ⁺, so ergibt sich für den Quotienten $\delta\alpha_1/(\delta\alpha_2 \cdot \Delta g_{eff}) = 2/(3*2) = 1/3$.

Um die Magnetfeldstärke zu bestimmen haben wir fünf mal den eingestellten Strom gemessen und mittels einer Eichkurve den entsprechenden Wert für B ermittelt. Diese fünf Werte für B haben wir dann gemittelt. Aufgrund der Hysterese ist im Protokoll immer vermerkt, ob der Strom von unten nach oben oder von oben nach unten geregelt wurde.

Versuchsaufbau

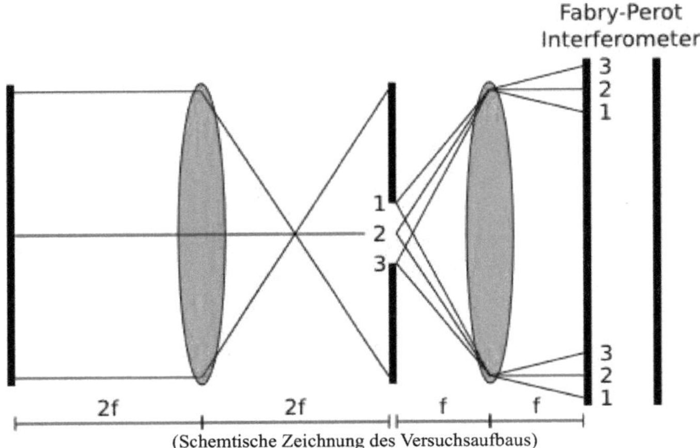

(Schemtische Zeichnung des Versuchsaufbaus)

Das Licht wird von der entsprechenden Quelle (links in der Zeichnung) emittiert und tritt durch eine Linse, die im Abstand von 2f (f ist der Abstand des Brennpunktes von der Linse aus) fixiert ist. Nach weiteren 2f geht das Licht durch eine Blende, die in der Brennebene einer zweiten Linse ist. Wenn eine Quelle und ein Schirm jeweils im Abstand 2f von einer Linse entfernt sind, so bewirkt die Linse eine 1:1 Abbildung der Quelle, die aber auf dem Kopf steht (was bei einer reinen Lichtquelle natürlich egal ist). Wir verwenden diese Tatsache und benutzen statt einen Schirm eine Blende, so dass wir einen kleinen Ausschnitt der Lichtquelle verwenden können. Licht, das aus der Brennebene durch eine Linse tritt nimmt den in der Zeichnung gezeigten weg. Die Strahlen sind zwar parallel, aber je nach Abweichung vom Mittelpunkt der Blende um einen bestimmten Winkel gedreht. So wird dafür gesorgt, dass das Licht schräg auf das Fabry-Perot-Interferometer trift, was zu dem gewünschten Beugungsbild führt.

Zur Analyse des Lichts wird vor der ersten Linse ein Farbfilter fixiert. Dazu kommt ein Polarisationsfilter und gegebenenfalls ein $\lambda/4$-Plättchen zwischen Blende und hintere Linse um die Polarisierung der einzelnen Spektrallinien zu untersuchen.

Wir untersuchen im Laufe des Versuchs sowohl einige Spektrallinien des Heliums als auch einige Spektrallinien des Quecksilbers.

Auswertung

1. Untersuchung der Polarisationsrichtung

Als erstes wollen wir die Polarisationsrichtungen der einzelnen Spektrallinien untersuchen. Wir betrachten die 668nm-Spektrallinie von Helium. Diese Wellenlänge wird beim Übergang $^1D_2 \rightarrow {}^1P_1$ emittiert, es handelt sich also um den normalen Zeeman-Effekt. Wir betrachten das Spektrum zuerst parallel zur Feldrichtung. Wie bereits erwähnt erwarten wir nach unserem Modell, dass es eine Schwingung parallel zum Magnetfeld gibt, die unverändert bleibt. Entsprechend des Abstrahlverhaltens eines Dipols dürfte diese Linie nicht sichtbar sein, da in Schwingungsrichtung keine Energie abgestrahlt wird. In der Tat sahen wir eine Aufspaltung in nur zwei Linien. Setzen wir das $\lambda/4$-Plättchen ein, so sollten die beiden entgegengesetzt zirkular polarisierten Wellen nun linear polarisiert sein, aber senkrecht zueinander. Dies betätigten wir mit dem Polarisationsfilter.

Als nächstes drehten wir den Magneten und betrachteten die Aufspaltung senkrecht zum Magnetfeld. Diesmal erwarteten wir, drei Linien zu sehen, von denen zwei senkrecht zur Feldrichtung und eine parallel dazu polarisiert sind. Dies war in der Tat der Fall. Die parallel zur Feldrichtung polarisierte Komponente ist die bereits erwähnte z-Komponente der Schwingung. Die senkrecht polarisierten Anteile sind die von Lorentz vermuteten entgegengesetzten Kreisbahnen im klassischen Modell eines Elektrons. Da wir diese nun „von der Seite" betrachten, sehen wir die Kreisbewegung nur noch als lineare Schwingung.

2. Helium, 668 nm

Wir betrachten den Übergang $^1D_2 \rightarrow {}^1P_1$. Der Spin der Zustände ist 0, weshalb es sich um den normalen Zeeman-Effekt handelt. Im Magnetfeld spaltet sich der Zustand $^1D_2$ in fünf Zustände und der Zustand $^1P_1$ in drei Zustände auf. Anhand der Auswahlregeln erwarten wir, dass es neun Übergänge gibt.

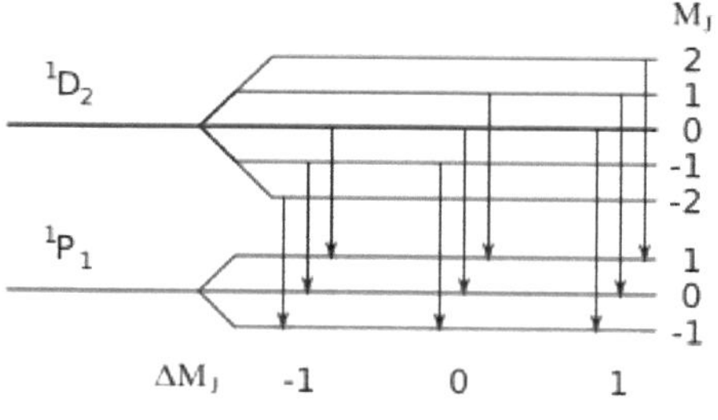

ΔM_J	M_J	$M_J{}'$	g_{eff}
	2	1	1
1	1	0	1
	0	-1	1
	1	1	0
0	0	0	0
	-1	-1	0
	0	1	-1
-1	-1	0	-1
	-2	-1	-1

(Übergangsschema für die 668 nm Spektrallinie des Heliums im Magnetfeld und Tabelle mit den Werten für g_{eff})

Hier ist $\Delta M_J = M_J$ (Anfangszustand) $- M_J{}'$ (Endzustand), eine ähnliche Vorzeichenkonvention wie ΔE_{pot} für den anomalen Zeeman-Effekt. Die Werte für g_{eff} kann man der Tabelle entnehmen. Wir sehen, dass die Linien jeweils dreifach entartet sind, da $\Delta E_{pot} \sim g_{eff}$ gilt (ΔE_{pot} war hier die Abweichung von der Energie ohne Magnetfeld). Es ergibt sich die erwartete Aufspaltung einer Spektrallinie in drei beobachtbare Linien.

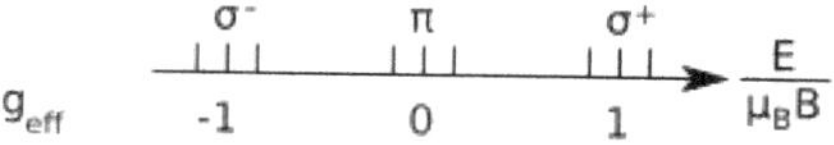

Bestimmung von μ_B

Das Winkelverhältnis haben wir mit folgender Einstellung der Spektrallinien bestimmt:

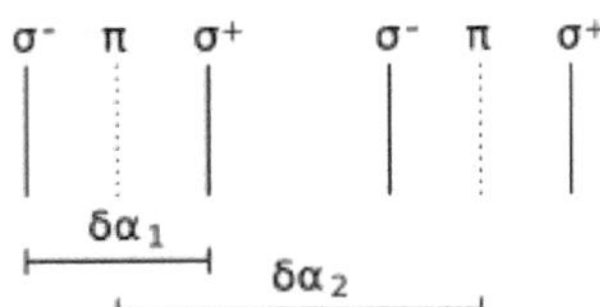

(Schematische Zeichnung zur Bestimmung von μ_B für die He-668nm-Linie)

Wir haben die π-Linie mit einem polarisationsfilter herausgefiltert und das Magnetfeld so eingestellt, dass die σ-Linien äquidistant waren. Für die B-Werte folgt:

I (in A)	0,725	0,75	0,78	0,78	0,76
B (in T)	0,365	0,375	0,384	0,384	0,3775

Als Mittelwert ergibt sich: B = 0,3771 T. Also folgt für μ_B;

$$\mu_B = \frac{hc}{2d\,\Delta g_{eff}H} \cdot \frac{\delta\alpha_1}{\delta\alpha_2} = \frac{hc}{2d \cdot 2 \cdot 0{,}3771} \cdot \frac{1}{2}\frac{J}{T} = 8{,}727 \cdot 10^{-24}\,\frac{J}{T}$$

3. Helium, 589 nm

Die 589 nm Linie im Helium-Spektrum entsteht durch die Übergänge $^1D_{3,2,1} \rightarrow {}^1P_{2,1,0}$, was 54 möglichen Übergängen entspricht. Hier können wir, abhängig von der Magnetfeldstärke drei Effekte sehen: den anomalen Zeeman-Effekt, einen partiellen Paschen-Back-Effekt bei dem sich nur das obere Niveau aufspaltet und den vollständigen Paschenback-Effekt bei dem sich beiden Niveaus aufspalten.

Da sich der untere Zustand beim partiellen Paschen-Back-Effekt nicht aufspaltet kann die Energiedifferenz der einzelnen Übergänge alleine durch die Paschen-Back-Energie der oberen Niveaus beschrieben werden. Wir interessieren uns also für $E/\mu_B \cdot B = (g_L M_L + g_S M_S)$. Beim vollständigen PBE müssen wir die Differenz der Energien berechnen. Da aber $\Delta M_S = 0$ gelten muss interessieren wir uns nur für $g_L \cdot \Delta M_L$.

Aufgrund der Tatsache, dass $\Delta M_S = 0$ und $\Delta M_L = 0, \pm1$ gilt, können nur die eingezeichneten Übergänge stattfinden. Wir gehen davon aus, dass sich bei der zusätzlichen Aufspaltung beim PBE zu jedem M_J drei Linien ergeben, nämlich gerade die Linien, für die $M_S + M_L = M_J$ gelten:

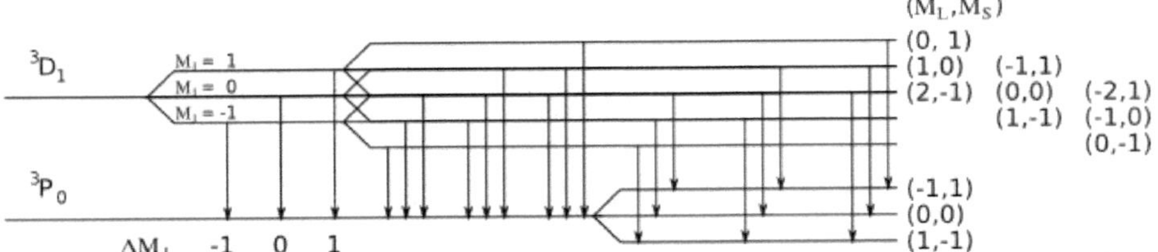

(Aufspaltung und mögliche Übergänge für den Zeeman-Effekt (links), den partiellen PBE (mitte) und den vollständigen PBE (rechts). Die Zahlenpaare rechts zeigen die Aufspaltung jedes M_J in die möglichen (M_L, M_S)-Werte.

Wenn wir diese Werte tabellarisch auftragen erhalten wir folgende Tabelle. ΔM_J, M_J, M_J' und g_{eff} entsprechen den Werten für den Zeeman-Effekt. (M_L, M_S) entspricht den Werten des oberen Niveaus für den partiellen Paschen-Back-Effekt und $(M_{L,U}, M_{S,U})$ entspricht den Werten des unteren Niveaus beim vollständigen Paschen-Back-Effekt.

Zeeman-Effekt				Partieller PBE		Paschen-Back-Effekt	
ΔM_J	M_J	M_J'	$g_{eff} = g_J \cdot M_J - g_J' \cdot M_J'$	$(M_L; M_S)$	$g_{pPB} = g_L \cdot M_L + g_S \cdot M_S$	$(M_{L,U}; M_{S,U})$	$g_{PB} = g_L \cdot \Delta M_L$
1	1	0	0,5	(0; 1)	2	(-1; 1)	1
				(1; 0)	1	(0; 0)	1
				(2; -1)	0	(1; -1)	1
0	0	0	0	(-1; 1)	1	(-1; 1)	0
				(0; 0)	0	(0; 0)	0
				(1, -1)	-1	(1; -1)	0
-1	-1	0	-0,5	(-2; 1)	0	(-1; 1)	-1
				(-1; 0)	-1	(0; 0)	-1
				(0; -1)	-2	(1; -1)	-1

(Tabellarische Übersicht der drei Effekte)

Betrachten wir nun die jeweiligen g-Werte so sehen wir, dass beim Zeeman-Effekt drei Linien, beim partiellen PBE fünf (teilweise entartete) Linien und bei vollständigen PBE wieder nur drei Linien zu sehen sind.

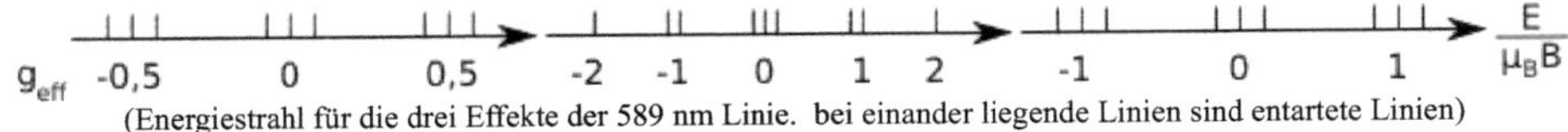

(Energiestrahl für die drei Effekte der 589 nm Linie. bei einander liegende Linien sind entartete Linien)

<u>Bestimmung von μ_B:</u>

Bei unseren verwendeten Feldstärken ist bereits der vollständige PBE zu sehen, weshalb wir drei Linien sehen (die σ-Linien und die π-Linie). Wir verwenden das gleiche Verfahren wie bei 668 nm:

I (in A)	0,78	0,77	0,8	0,8	0,79
B (in T)	0,384	0,382	0,388	0,388	0,388

Als Mittelwert ergibt sich: B = 0,386 T. Also folgt für μ_B;

$$\mu_B = \frac{hc}{2d\,\Delta g_{eff} H} \cdot \frac{\delta \alpha_1}{\delta \alpha_2} = \frac{hc}{2d \cdot 2 \cdot 0{,}386} \cdot \frac{1}{2}\frac{J}{T} = 8{,}526 \cdot 10^{-24}\,\frac{J}{T}$$

Die 546nm Linie entsteht beim Übergang von $^3S_1 \rightarrow {}^3P_2$. Es handelt sich um den anomalen Zeeman-Effekt.

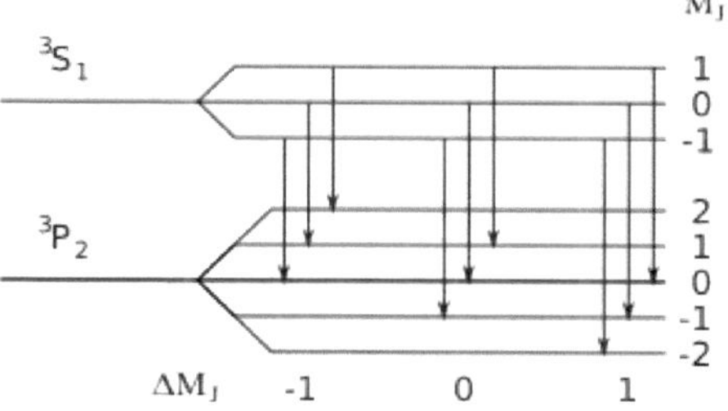

ΔM_J	M_J	M_J'	g_{eff}
	1	0	2
1	0	-1	1,5
	-1	-2	1
	1	1	0,5
0	0	0	0
	-1	-1	-0,5
	1	2	-1
-1	0	1	-1,5
	-1	0	-2

(Übergangsschema und Tabelle mit den effektiven g-Werten für jeden Übergang der 546 nm Linie)

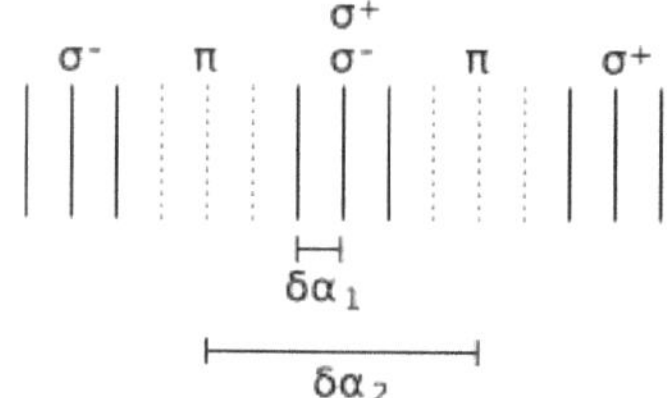

(Energiestrahl für die Aufspaltung der 546 nm Linie (Quecksilber); es liegt keine Entartung vor)

Wir erwarteten bei diesem Übergang eine Aufspaltung in neun Linien zu sehen. Dabei konnten wir jedoch nicht alle Linien sehen, lediglich drei relativ verschwommene Linien. Als wir aber die Linien so überlagerten, dass die σ⁻-Linie einer Beugungsordnung auf die σ⁺-Linie der nächsten Ordnung fiel, so sahen wir, dass sich drei Linien mit gleicher Intensität bildeten. Diese waren gerade die die drei (bzw. insgesamt sechs) σ-Linien, die wir aus mangel an ausreichendem Kontrast alleine nicht beobachten konnten.

Bestimmung von μ_B

Um μ_B zu bestimmen haben wir erst die π-Linie herausgefiltert und die verschwommenen σ-Linien dann überlagert. Wir konnten sie relativ genau überlagern, da die drei (bzw. sechs) einzelnen Linien gut zu sehen waren wenn sie direkt übereinander lagen.

σ⁺

σ⁻   π   σ⁻   π   σ⁺

$\delta\alpha_1$

$\delta\alpha_2$

(Winkelverhältnis für die 546 nm Linie des Quecksilbers)

Da die neun Linien alle äquidistant sind folgt für das Winkelverhältnis $\delta\alpha_1/\delta\alpha_2 = 1/6$. Für die Magnetfeld stärke gilt:

I (in A)	1,235	1,26	1,21	1,18	1,125
B (in T)	0,512	0,52	0,51	0,5	0,495

Als Mittelwert folgt B = 0,5074 T, also gilt:

$$\mu_B = \frac{hc}{2d\,\Delta g_{eff}H} \cdot \frac{\delta\alpha_1}{\delta\alpha_2} = \frac{hc}{2d \cdot 0,5 \cdot 0,5074} \cdot \frac{1}{6} \frac{J}{T} = 8,648 \cdot 10^{-24} \frac{J}{T}$$

5. Quecksilber, 436 nm

Diese Linie entspricht dem Übergang $^3S_1 \rightarrow {}^3P_1$. Man muss beachten, dass es sich hier um einen Übergang mit $\Delta J = 0$ handelt, also kann der Übergang von $M_J = 0 \rightarrow M_J' = 0$ nicht stattfinden. Es handelt sich hier wieder um den anomalen Zeeman-Effekt.

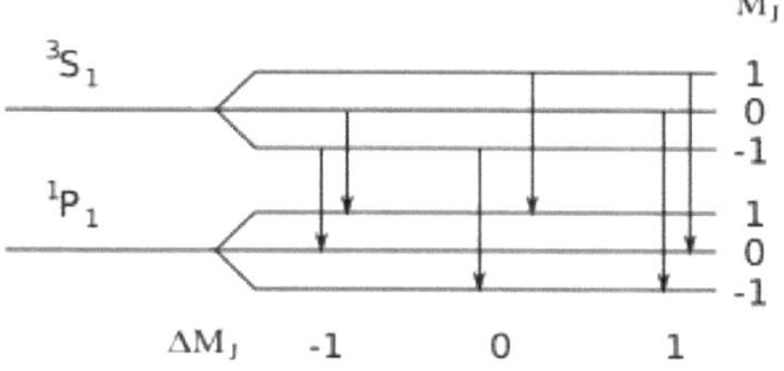

ΔM_J	M_J	M_J'	g_{eff}
1	1	0	2
	0	-1	1,5
0	1	1	0,5
	-1	-1	-0,5
-1	0	1	-1,5
	-1	0	-2

(Übergangsschema und Tabelle mit den effektiven g-Werten für jeden Übergang der 436 nm Linie)

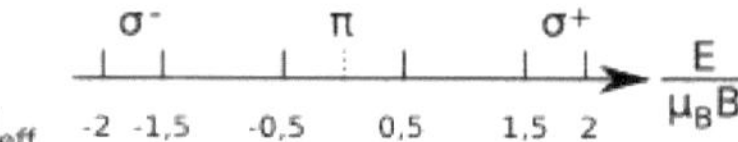

(Energiestrahl für die Aufspaltung der Quecksiler-436nm-Linie; Der verbotene Übergang wurde zur Orientierung gestrichelt eingezeichnet)

Auch hier liegt bei den Übergängen keine Entartung vor. Alle Linien sind sichtbar, obwohl die σ-Linien schwer zu erkennen und wie bei 546nm-Linie erst durch Überlagerung nebeneinander liegenden Ordnungen gut zu sehen sind.

<u>Bestimmung von μ_B</u>

Wir haben, wie schon bei der 546nm-Linie, die π-Linie herausgefiltert und die σ-Linien nebeneinander liegenden Beugungsordnungen überlagert. So ergab sich:

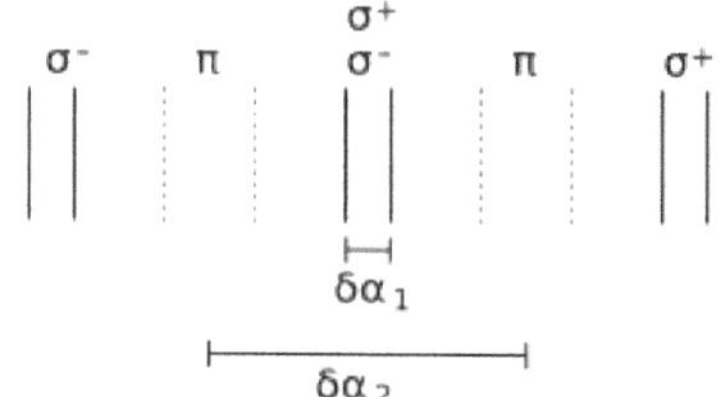

(Winkelverhältnis für die 436 nm Linie des Quecksilbers)

Für das Winkelverhältnis gilt $\delta\alpha_1/\delta\alpha_2 = 1/7$. Für die Magnetfeld stärke gilt:

I (in A)	0,94	0,96	0,94	1,01	0,98
B (in T)	0,428	0,43	0,428	0,45	0,445

Als Mittelwert folgt B = 0,4342 T, also gilt:

$$\mu_B = \frac{hc}{2d\,\Delta g_{eff}H} \cdot \frac{\delta\alpha_1}{\delta\alpha_2} = \frac{hc}{2d \cdot 0{,}5 \cdot 0{,}4342} \cdot \frac{1}{7}\,\frac{J}{T} = 8{,}6624 \cdot 10^{-24}\,\frac{J}{T}$$

Diese Linie entspricht dem Übergang $^3S_1 \rightarrow {}^3P_0$. Hier spaltet sich wieder der obere Zustand in drei Niveaus auf, während sich der untere nicht aufspaltet. Es handelt sich um den anomalen Zeeman-Effekt.

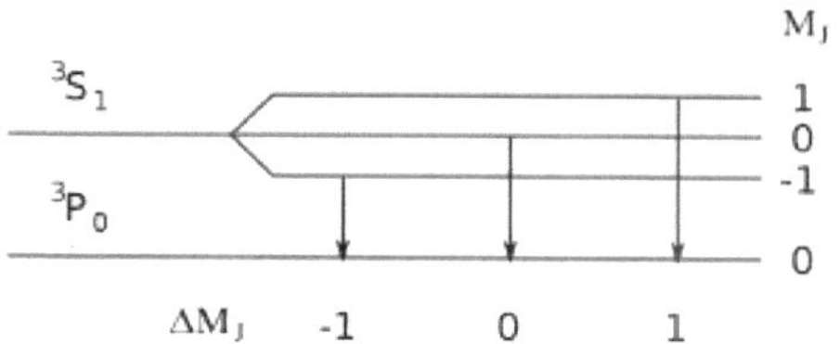

ΔM_J	M_J	M_J'	g_{eff}
1	1	0	2
0	0	0	0
-1	-1	0	-2

(Schematische Zeichnung der Übergäng, tabellarische Übersicht und Energiestrahl für die Hg-405nm-Linie)

Als wir die σ-Linien überlagerten, ergaben sich nur Linien mit gleicher Intensität, das heißt die Intensität der π-Linie ist doppelt so groß wie die einer σ-Linie.

Bestimmung von μ_B

Weil wir alle Linien sehen konnten und diese einen ausreichenden Abstand hatten ($g_{eff} = 2$) haben wir zur Bestimmung von μ_B das Magnetfeld so eingestellt, dass die Linien alle äquidistant waren (siehe das Beispiel aus Abschnitt 5 des Theorieteils)

Für das Winkelverhältnis gilt, wie beim Besipiel, $\delta\alpha_1/\delta\alpha_2 = 1/3$, Δg_{eff} ist jedoch 2. Für die Magnetfeld stärke gilt:

I (in A)	0,39	0,395	0,415	0,39	0,375
B (in T)	0,255	0,256	0,26	0,255	0,25

Als Mittelwert folgt B = 0,2552 T, also gilt:

$$\mu_B = \frac{hc}{2d\,\Delta g_{eff}H} \cdot \frac{\delta\alpha_1}{\delta\alpha_2} = \frac{hc}{2d \cdot 2 \cdot 0,2552} \cdot \frac{1}{3}\frac{J}{T} = 8,5973 \cdot 10^{-24}\frac{J}{T}$$

7. Bestimmung von μ_B

Fassen wir die ermittelten Werte für μ_B zusammen:

Wellenlänge	He, 668 nm	He, 589 nm	Hg, 546 nm	Hg, 436 nm	Hg, 405 nm
μ_B (in 10^{-24} JT^{-1})	8,727	8,526	8,648	8,6624	8,5973

Wir erhalten den Mittelwert μ_B = 8,632 · 10-24 JT-1. Vergleichen wir dies mit dem Literaturwert von μ_B = 9,274 · 10-24 JT-1 weicht der ermittelte Wert um ca. 7% vom Literaturwert ab. Fehler können hauptsächlich durch Ablesefehler beim Einstellen des Magnetfeldes für die Bestimmung der Winkel   entstanden sein, aber auch beim Ablesen der Eichkurve des Elektromagneten. Inhomogenitäten im Magnetfeld oder Stromverluste in den Kabeln können ebenso zum Fehler beigetragen haben.

Literatur

Literaturmappe zum Versuch 1.5 „Zeeman-Effekt" aus der Lehrbuchsammlung der Physik (TU Darmstadt)
„Atomphysik" von Theo Mayer-Kuckuck
„Vorlesungen über theoretische Physik IV" Sommerfeld

Literaturmappe zum Versuch 1.5 „Zeeman-Effekt" aus der Lehrbuchsammlung der Physik (TU Darmstadt)
„Atomphysik" von Theo Mayer-Kuckuck
„Vorlesungen über theoretische Physik IV" Sommerfeld